海南省外来入侵生物识别与防治

（害虫卷）

马光昌　彭正强　主编

中国农业科学技术出版社

图书在版编目（CIP）数据

海南省外来入侵物种识别与防治. 害虫卷 / 马光昌，彭正强主编. --北京：中国农业科学技术出版社，2022. 11
ISBN 978-7-5116-5977-4

Ⅰ. ①海… Ⅱ. ①马… ②彭… Ⅲ. ①外来种－侵入种－防治－研究－海南 Ⅳ. ①Q16

中国版本图书馆CIP数据核字（2022）第 198385 号

责任编辑 姚 欢
责任校对 李向荣 贾若妍
责任印制 姜义伟 王思文

出 版 者 中国农业科学技术出版社
北京市中关村南大街 12 号 邮编：100081
电 话 （010）82106631（编辑室） （010）82109702（发行部）
（010）82109709（读者服务部）
网 址 https:// castp.caas.cn
经 销 者 各地新华书店
印 刷 者 北京科信印刷有限公司
开 本 170 mm×240 mm 1/16
印 张 5.5
字 数 100 千字
版 次 2022 年 11 月第 1 版 2022 年 11 月第 1 次印刷
定 价 50.00 元

主编简介

马光昌，硕士，助理研究员。主要从事外来入侵害虫监测与生物防治的研究。近年来，主持或参与国家自然科学基金青年基金项目、科技部基础性工作专项、公益性行业（农业）科研专项、国家科技支撑计划项目、海南省自然科学基金等9项。发表论文20余篇，其中SCI收录论文7篇，获授权专利3件，制定行业标准1项，软件著作5项，专著1部（副主编），海南省科学技术进步奖三等奖1项。

彭正强，硕士，研究员，主持或参与多项入侵生物与生物防治研究课题。发表学术论文100余篇，其中SCI收录21篇，参编著作4部，获批专利5件，编写或参编行业标准3项。获全国农牧渔业丰收奖农业技术推广贡献奖1项、海南省科技进步奖特等奖1项，中国植物保护学会科学技术奖一等奖1项，海南省科技进步奖与成果转化奖4项。先后获海南省"十一五"科技创新突出贡献奖（2012）、全国五一劳动奖章（2013）、全国农业先进工作者（2017）、海南省高层次"领军人才"等荣誉称号，享受国务院政府特殊津贴（2014）。

海南省外来入侵物种识别与防治
（害虫卷）
编者名单

主　　编　马光昌（中国热带农业科学院环境与植物保护研究所）

　　　　　彭正强（中国热带农业科学院环境与植物保护研究所）

副 主 编　温海波（中国热带农业科学院环境与植物保护研究所）

　　　　　王树昌（中国热带农业科学院环境与植物保护研究所）

　　　　　彭金浩（琼中黎族苗族自治县农业技术研究推广服务中心）

　　　　　林　书（文昌市农业技术推广服务中心）

　　　　　王　莉（东方市农业服务中心）

编　　委　金　涛（中国热带农业科学院环境与植物保护研究所）

　　　　　唐　超（中国热带农业科学院环境与植物保护研究所）

　　　　　龚　治（中国热带农业科学院环境与植物保护研究所）

　　　　　阎　伟（中国热带农业科学院椰子研究所）

　　　　　卓武强（中国热带农业科学院环境与植物保护研究所）

　　　　　王　曙（琼中黎族苗族自治县农业技术研究推广服务中心）

海南省外来入侵物种识别与防治
（害虫卷）
项目资助

1 农业农村部专项"农业外来入侵物种发生为害及扩散风险等调查"（13220151）

2 农业农村部专项"重大外来入侵物种重点调查点位踏查布设及质量控制"（13210375）

3 农业农村部专项"外来入侵物种普查试点技术支撑服务"（13200442）

4 农业农村部专项"热带亚热带地区外来入侵物种信息收集"（13200434）

5 农业农村部专项"外来入侵生物调查监测、风险评估与防控技术集成服务（防控信息与科普宣传）"（13200283）

6 海南省外来入侵物种普查项目（文昌市、东方市、琼中黎族苗族自治县和昌江黎族自治县）

7 海南省高层次人才项目"基于农业和生态安全的海南岛外来入侵物种管控策略研究"（721RC631）

内容简介

    2018年4月13日，习近平总书记在庆祝海南建省办经济特区30周年大会上郑重宣布，党中央决定支持海南全岛建设自由贸易试验区。当前，海南已进入自由贸易试验区建设的关键时期，其中包括国家南繁科研育种基地（海南）、全球动植物种质资源引进中转基地建设。这些建设项目使得外来有害生物入侵海南的概率增加。另外，多项研究显示海南饱受外来入侵有害生物的为害。据不完全统计，目前海南已经发现235种外来入侵生物，平均每年新发现1种。草地贪夜蛾、椰心叶甲、椰子织蛾、红棕象甲、红火蚁、香蕉枯萎病、薇甘菊、假高粱等重大外来有害生物的入侵和频繁发生已对海南热带农林生产安全和生态环境安全造成了重大威胁。随着海南国际旅游岛和自由贸易区的建设，生物入侵问题将日趋严重。《海南省外来入侵物种识别与防治（害虫卷）》收录了6大类21种外来入侵物种的主要识别特征和防治方法，共分6章，第一章鞘翅目，第二章鳞翅目，第三章半翅目，第四章双翅目，第五章膜翅目，第六章软体动物，分别介绍了椰心叶甲等21种外来入侵物种的学名、分类地位、为害特征、形态特征和防治方法。编者希望通过介绍主要外来入侵物种的识别与防治方法，为海南省入侵物种的识别与防治提供理论和技术支撑。

    由于编者水平有限，书中难免出现疏漏和表述不妥之处，恳请读者批评指正，以期将来补充、修正。

目 录

第一章

鞘 翅 目

第一节　　　　　　　椰心叶甲

【学名】椰心叶甲*Brontispa longissima*。

【分类地位】

　铁甲科（Hispidae）

　　*Brontispa*属

【为害特征】主要为害棕榈科植物幼嫩的心叶部分，幼虫、成虫均在心叶内取食表皮薄壁组织，一般沿叶脉平行取食，形成狭长的与叶脉平行的褐色坏死线（虫道），严重时造成叶片枯萎变褐、皱缩、卷曲，形成灼伤状（或称火烧状）（图1-1、图1-2）。

【形态特征（图1-3）】

成虫　体扁平狭长。触角粗线状。沿角间突向后有浅褐色纵沟。头部红黑色，头顶背面平伸出近方形板块，两侧略平行，宽稍大于长。前胸背板黄褐色，略呈方形。前缘向前稍突出，两侧缘中部略内凹，后缘平直。前侧角圆，向外扩展。鞘翅两侧基部平行，后渐宽，中后部最宽，往端部收窄，末端稍平截。中前部有8列刻点，中后部10列，刻点整齐。足红黄色。

卵　椭圆形，褐色。卵的上表面有蜂窝状平凸起。

幼虫　白色至乳白色，1龄幼虫长1.5毫米，宽0.7毫米，头部相对较大，胸部每节两侧各有1根毛，腹部侧突上有2根毛，尾突的内角有1个大而弯的刺。2龄幼虫腹部侧突比1龄幼虫的要长，每个侧突上有4根毛，分布在端部的不同点。老熟幼虫体扁平，两侧缘近平行。前胸和各腹节两侧各有1对侧突，腹9节，因8～9节合并，在末端形成一对内弯的尾突，实际可见8节。

蛹　与幼虫相似，但个体稍粗，出现翅芽和足，腹末仍有尾突。

图1-1　椰心叶甲为害特征（椰子树）

图1-2　椰心叶甲为害特征（槟榔树）

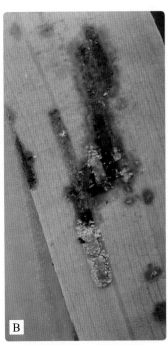

图1-3　椰心叶甲的不同虫态（A. 成虫；B. 卵；C. 高龄幼虫）

【防治方法】

（1）**物理防治**　将椰心叶甲取食为害的未展开和半展心叶剪除并集中烧毁，能有效降低椰心叶甲的虫口密度。

（2）**生物防治**　椰心叶甲的天敌有寄生性天敌、捕食性天敌和病原微生物，目前应用较为成功的有椰心叶甲啮小蜂、椰甲截脉姬小蜂。释放天敌寄生蜂是防治椰心叶甲最有效、最安全的生物方法，可以长期和可持续控制椰心叶甲（图1-4）。

（3）**化学防治**　主要是使用挂药包的方法进行防治，即将装有杀虫单和啶虫脒的无纺布袋悬挂在椰子、槟榔等棕榈科植物的心叶上，通过自然降水，药包里面的药剂缓慢渗透，从而杀死心叶部位的害虫。该方法对环境污染小，且药效期长（图1-5）。

图1-4　放蜂器

图1-5　悬挂药包

第二节 　　　水椰八角铁甲

【学名】水椰八角铁甲 *Octodonta nipae*。

【分类地位】

　铁甲科（Hispidae）

　　八角铁甲属（*Octodonta*）

【为害特征】主要为害中东海枣等棕榈科植物，以成虫、幼虫在嫩梢和未展开或半展开的嫩叶间取食表皮薄壁组织，被害叶片初期呈现黄色或灰褐色坏死条斑，展开后，窄条食痕扩大，并有皱缩、卷曲等现象；受害嫩梢变色枯萎，严重时可导致整个植株死亡（图1-6）。

【形态特征（图1-7）】

成虫　体狭长较扁，两侧近于平行。触角11节。前胸背板近方形，侧缘内凹，具窄平的边；基部明显较前部宽；前缘在中部无边框，明显拱出；后缘较平，有边框；四角向外突出，每个角具一凹陷并形成2个齿，八角属名即由此而来。鞘翅狭长，背面较平不隆，两侧近于平行，中部偏后最宽。足的腿节、胫节短粗，宽扁，跗节阔扁。

卵　长筒形或椭圆形，褐色，两端宽圆。周围会有食物残渣和排泄物。

幼虫　乳白色，头部淡棕色，末端骨盘褐色。头部宽扁，前口式。胸部3节，各具足1对，中、后胸两侧具瘤突，前后胸节间具气门1对。腹部9节，无足，各节具侧突1对，第8～9节合并，并在体后端形成1个骨盘。

蛹　粗壮，离蛹，出现翅芽、足、触角。

【防治方法】

（1）**生物防治**　水椰八角铁甲的天敌有寄生性天敌、病原微生物，目前应用较为成功的有3种：椰心叶甲啮小蜂、尖角赤眼蜂属和金龟子绿僵菌小孢变种。

（2）**化学防治** 可选用高效氯氰菊酯进行喷药，对于初展开的心叶，可直接喷药处理；对于未展开的心叶，要适当折叠弯曲，待叶序散开后再喷药。由于水椰八角铁甲世代重叠，需全年不断地用药，用药次数多、量大，因此，需要轮换用药，以免产生抗性。

图1-6 水椰八角铁甲为害特征（中东海枣）

图1-7 水椰八角铁甲的不同虫态（A.成虫；B.高龄幼虫）

第三节　　　　海枣异胸潜甲

【学名】海枣异胸潜甲*Javeta pallida*。

【分类地位】

叶甲科（Chrysomelidae）

　龟甲亚科（Cassidinae）

　　洼胸甲族（Coelaenomenoderini）

　　　异胸甲属（*Javeta*）

【为害特征】 主要为害中东海枣等棕榈科植物并以幼虫潜叶生活，雌成虫在叶片背面单产1粒卵，并用褐色分泌物覆盖，留下较明显的产卵刻痕；幼虫孵化后在叶片内取食，不断地蛀食叶肉形成渐宽隧道，造成叶片失水，形成长条形枯斑，多个枯斑汇合造成整片叶子枯黄。该虫为害严重时，可致使整株叶片失绿枯萎（图1-8）。

【形态特征（图1-9）】

成虫　浅棕黄色。触角粗壮，11节。前胸背板仅侧缘近后角缢缩，前后角各着生1根刚毛，两侧近于平行，近基部稍收缩，后角较尖，后缘双曲形，中部几乎平截；背板隆起，密布凹洼，共有10个。前胸腹板前缘中面具一球形外突（属的特征），表面具众多细毛。鞘翅基部稍宽于前胸背板，两侧近于平行，稍向端部扩大，端部圆形；鞘翅共有10行刻点，第一列刻点27个；鞘翅上的脊线不明显，隐约可见3条。足全开式爪型，每足具2爪，分开，基部扩大，似有基齿（但圆滑）；前足比中后足粗大，腿节和跗节尤为明显，跗节基3节双叶形，腹面密生吸附毛。

卵　单独产在叶片背面纵向狭缝中，且覆盖黄色分泌物，当其变成红棕色时形成长1.8～2.3毫米、宽0.14～0.19毫米的卵囊。

图1-8　海枣异胸潜甲为害特征（中东海枣）

幼虫 体黄褐色，头部红褐色，前胸背板中央具红褐斑。头及前胸稍扁（呈楔形），中胸以后略呈柱形，稍扁，两体节之间收缩明显；口器前口式，外露。前胸最为宽大，侧缘具众多细长毛，前胸两前角向前延伸，几乎要把头部包围；胸足完全消失。从前胸后角及中胸至腹第7节各节两侧（背面及腹面均有）均具步泡状结构，体侧具毛；肛门位于端部。

蛹 黄褐色，离蛹。头部、触角、3对足、前翅及隆起的前胸腹板突明显可见。

【**防治方法**】

（1）**物理防治** 将海枣异胸潜甲为害的叶片剪除并烧毁，能有效降低虫口密度。

（2）**生物防治** 目前已报道的天敌有*Elasmus longiventris*和*Pediobius imbreus*。

（3）**化学防治** 由于海枣属植物树形直立高大，丛枝在树冠头部形成向下的稀疏结构，而海枣异胸潜甲多在丛枝中下部为害明显，因而推荐使用喷雾法，并沿树冠侧面环绕喷洒施用药剂。可选用阿维菌素、甲氨基阿维菌素苯甲酸盐和啶虫脒等药剂，其毒力作用较强，其中阿维菌素对海枣异胸潜甲的毒力最高，甲氨基阿维菌素苯甲酸盐次之，而啶虫脒对海枣异胸潜甲的毒力较低。

A

图1-9　海枣异胸潜甲的不同虫态（A.成虫；B.幼虫；C.蛹）

第四节　　　　　　　红棕象甲

【**学名**】红棕象甲 *Rhynchophorus ferrugineus*。

【**分类地位**】

象虫科（Curculionidae）

棕榈象属（*Rhynchophorus*）

【**为害特征**】主要以成虫和幼虫为害椰子等棕榈科植物，受害植物初期树皮或叶柄略有裂缝，有树胶流出，后期植物组织内纤维破碎呈腐殖状，并产生特殊气味，常造成植株折断或枯死。有的树干甚至被蛀食中空，只剩下空壳，树势渐衰弱，易受风折（图1-10）。

【**形态特征**】

成虫　体红褐色。喙细长，头部刻点大而深；前胸背板多为赭色，少数白色，刻点大而深；有6个小黑斑排列两行，前排3个，两侧的较小，中间的一个较大，后排3个较大。胸部背面、前翅肩部及端部1/3处密被白色鳞片，并杂有赭色鳞片；前翅基部外侧特别向外突出，中部花纹似龟纹；鞘翅上刻点粗，较腹部短，腹末外露（图1-11）。

卵　乳白色，长椭圆形，似米粒状。表面光滑，富有弹性。

幼虫　体肥胖，纺锤形。低龄幼虫乳黄色，中高龄幼虫黄色；头壳深褐

图1-10　红棕象甲为害特征（椰子）

色，虫体弯曲，节间多褶皱（图1-12）。

　　蛹　初化蛹时乳白色，后渐转为褐色，头部小，喙长达前足胫节，触角及复眼显著突出。

【防治方法】

　　（1）**营林措施**　保持林内和树冠清洁；避免树干和树冠受伤；发现树干受伤时，可用沥青涂封伤口或用泥浆涂抹，以防成虫产卵；受害致死的树应及时砍伐并集中烧毁；及时清理掉落的树叶，并集中烧毁。

　　（2）**物理防治**在种植园内每隔50米于2米高处设置一盏黑光灯，灯光下放置盛有杀虫剂药水的水盆，在黄昏时分开灯诱杀成虫。

　　（3）**生物防治**应用聚集信息素诱杀红棕象甲，防治效果较好。将聚集信息素与乙酸乙酯或甘蔗发酵物混用效果更好。

　　（4）**化学防治**主要注射化学药液进行防治。防治幼虫时可向叶柄基部和树干内注射高效氯氰菊酯微乳剂和啶虫脒微乳剂等。

图1-11　红棕象甲成虫

图1-12　红棕象甲幼虫

甘薯小象甲

【学名】甘薯小象甲 *Cylas formicarius*。

【分类地位】

三锥象科 （Brentidae）

蚁象属 （*Cylas*）

【为害特征】以成虫及幼虫为害甘薯等。该虫可为害薯蔓，使薯苗生长缓慢；甘薯结块后，该虫又辗转为害薯块，从幼薯到收获均可为害，大量幼虫蛀入薯块，薯块内部被幼虫蛀食成不规则的弯曲隧道，隧道内充满虫粪，由于伤口诱致病菌侵入，使受害薯块发生恶臭和苦味，薯块变黑，人和家畜均不能食用，造成重大损失（图1-13）。

【形态特征】

成虫 细长，暗褐色，全身披有灰褐色鳞片；头部延伸成细长的喙，略向下弯曲，如象鼻，咀嚼式口器着生于喙的末端；两鞘翅合起来呈长卵形，显著隆起；足细长；前胸和足呈橘红色（图1-14）。

卵 椭圆形。初产时乳白色，后变淡黄色，表面有小刻点，壳薄，在孵化前，卵中幼虫可见黑色头部。

幼虫 月牙形，体向腹面略弯曲、肥胖，多横皱纹，头部淡褐色，身体灰白色，胸部、腹部乳白色有稀疏白细毛，胸腹足退化。

蛹 变成成虫以前，复眼、翅芽和足为棕色，身体其他部位为淡黄色，最末腹节有1对刺突。

【防治方法】

（1）**生物防治** 天敌主要有线虫、病原真菌和寄生蜂等，其中白僵菌是应用最广的一种。此外，还可以利用性诱剂诱捕雄虫干扰交配，降低害虫的种群密度，从而减少甘薯小象甲的扩散和蔓延。

（2）**化学防治** 可用高效氯氟氰菊酯、甲氨基阿维菌素苯甲酸盐、阿维菌素，有较好的防治效果。

图1-13　甘薯小象甲为害特征（甘薯）

图1-14　甘薯小象甲成虫

第六节　　咖啡果小蠹

【学名】咖啡果小蠹 *Hypothenemus hampei*。

【分类地位】

　　小蠹科（Scolytidae）

　　咪小蠹属（*Hypothenemus*）

【为害特征】该虫以雌成虫在咖啡果实端部钻孔，蛀入果内产卵。卵、幼虫、蛹均在果内完成发育，成虫羽化后钻出果实，每年造成咖啡减产最高可达50%以上（图1-15）。

【形态特征（图1-16）】

　　成虫　暗褐色到黑色，有光泽，体呈圆柱形。头小，隐藏于半球形的前胸背板下。头背中央具一条深陷的中纵沟。触角浅棕色。背板前缘中部有4～6枚小颗瘤。鞘翅上有短而硬的刚毛。前足胫节有6～7个小齿。

　　卵　乳白色，稍有光泽，长球形。

　　幼虫　乳白色，有些透明。头部褐色，无足。体被白色硬毛，后部弯曲成镰刀形。

　　蛹　白色，头部藏于前胸背板之下。前胸背板边缘有3～10个彼此分开的乳头状突起，每个突起上面有1根白色刚毛。腹部有2根较小的白色针状突起。

【防治方法】

　　生物防治　利用自然天敌肿腿蜂、小茧蜂和白僵菌寄生该虫，利用泛光红螨和举腹蚁捕食该虫，均有良好的效果。

图1-15　咖啡果小蠹为害特征（引自：https://www.cabi.org）（咖啡）

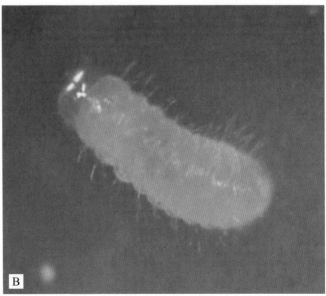

图1-16　咖啡果小蠹的不同虫态（A. 成虫；B. 幼虫）（引自：https://www.cabi.org）

第二章

鳞 翅 目

第一节　　　　　　　　椰子织蛾

【学名】椰子织蛾*Opisina arenosella*。

【分类地位】

　　麦蛾总科（Gelechioidea）

　　　　木蛾科（Xyloryctidae）

　　　　　　木蛾亚科（Xyloryctinae）

　　　　　　　　椰木蛾属（*Opisina*）

【为害特征】椰子织蛾可为害不同年龄的棕榈科植物（图2-1至图2-3），以幼虫从植物的下部叶片向上取食，并在叶片背面或正面形成蛀道，蛀道内粪便与其吐丝交织。受害严重时整个树冠被侵染，叶片干枯脱落，树势衰弱。幼虫的排泄物还会导致叶片光合作用效率低下。椰子织蛾还取食苞芽，造成椰树花穗减少、生长迟缓、过早落果等现象，进而严重影响椰子产量。

图2-1　椰子织蛾为害蒲葵

图2-2　椰子织蛾为害椰子树

图2-3　椰子织蛾为害大王棕

【形态特征（图2-4）】

成虫　小型蛾类，雌雄类似，雌性个体稍大。体灰白色，头顶部被宽大平伏的灰白色鳞片，下唇须细长，向上伸向头的前方；雌虫、雄虫触角均为丝状，细长，且雌虫触角较长；前翅具有3个模糊的斑点。

卵　圆柱形，两端稍钝，表面具网状脊纹，成堆产于叶背面，初产时乳白色，随着发育逐渐变为淡黄色透明状，近孵化时外围形成一淡红色晕圈。

幼虫　幼虫体乳黄色至淡褐色，低龄时头、前胸深褐色至黑色，随着龄期增大渐变为褐色；体背及体侧具5条红棕色至褐色纵带，老熟后为红色；腹部各节背侧带上方各有2个褐色小点，体背4个小点呈长方形排列。

蛹　红褐色，包被于混合寄主碎屑和虫粪的丝质茧中。

【防治方法】

（1）**生物防治**　可利用放蜂器释放寄生蜂，详见图2-5。椰子织蛾寄生蜂比较多，主要有广黑点瘤姬蜂、广大腿小蜂、褐带卷蛾茧蜂、周氏啮小蜂、寄蝇。

（2）**黑光灯诱杀**　利用波长365纳米（雌虫）和368纳米（雄虫）的黑光灯可有效诱杀成虫。

（3）**化学防治**
防治幼虫时可向树冠喷雾，以叶片背面湿润为宜，用甲氨基阿维菌素苯甲酸盐和高效氯氰菊酯，连续施用2～3次，每次间隔20～30天，效果较好。

图2-4　椰子织蛾的不同虫态（A.成虫；B.幼虫；C.蛹。B和C为阎伟提供）

图2-5　放蜂器

草地贪夜蛾

【学名】草地贪夜蛾 *Spodoptera frugiperda*。

【分类地位】

夜蛾科（Noctuidae）

灰翅夜蛾属（*Spodoptera*）

【为害特征】在玉米上，1～3龄幼虫通常隐藏在叶片背面和心叶丛取食，取食后形成半透明薄膜状"窗孔"；4～6龄幼虫对玉米的为害更为严重，取食叶片后形成不规则的长形孔洞，可将整株玉米的叶片取食光，严重时可造成玉米生长点死亡，影响叶片和果穗的正常发育；高龄幼虫还会为害雄穗和果穗（图2-6）。

【形态特征】

成虫 翅展32～40毫米，前翅深棕色，后翅灰白色，边缘有窄褐色带。前翅中部各一黄色不规则环状纹，其后为肾状纹；雌蛾前翅呈灰褐色或灰棕杂色，环形纹和肾形纹灰褐色，轮廓线黄褐色；雄蛾前翅灰棕色，翅顶角向内各一大白斑，环状纹黄褐色，后侧各一浅色带自翅外缘至中室，肾状纹内侧各一白色楔形纹（图2-7）。

卵 直径0.4毫米，高为0.3毫米，呈圆顶形，底部扁平，顶部中央有明显的圆形点。通常100～200粒卵堆积成块状，卵上有鳞毛覆盖，初产时为浅绿色或白色，孵化前渐变为棕色（图2-8）。

幼虫 3龄幼虫头部没有"Y"形纹，腹末节有排列成正方形的4个黑色毛瘤；4龄以上的幼虫，头部呈黑色、棕色或者橙色，具白色或黄色倒"Y"形斑。幼虫体表有许多纵行条纹，背中线黄色，背中线两侧各有一条黄色纵条纹，条纹外侧依次是黑色、黄色纵条纹。幼虫最明显的特征是其腹部末节有呈正方形

图2-6
草地贪夜蛾为害特征
（玉米）

图2-7
草地贪夜蛾成虫（雌）

排列的4个黑斑（图2-9）。

【**防治方法**】

成虫诱杀技术：成虫发生期，集中连片使用性诱剂诱杀（图2-10）。

幼虫防治技术：选择低龄幼虫防控为最佳时期，施药时间最好选择在清晨或者傍晚，注意喷洒在玉米心叶、雄穗和雌穗等部位。

（1）**生物防治**　在卵期释放夜蛾黑卵蜂进行防治（图2-11），喷施白僵菌、绿僵菌、苏云金杆菌制剂以及多杀菌素、苦参碱、印楝素等生物农药。

（2）**化学防治**　玉米田虫口密度达到10头/百株时（参考玉米田二代黏虫防控的虫口密度指标），可选用防控夜蛾科害虫的高效低毒杀虫剂喷雾防治（联合国粮农组织防控草地贪夜蛾指导手册及国外登记防控该害虫的化学农药有氯虫苯甲酰胺、氟氯氰菊酯、溴氰虫酰胺等）。

图2-8　草地贪夜蛾卵块

图2-9
草地贪夜蛾幼虫

图2-10　诱杀成虫

图2-11　放蜂器

第三节　　　　　　香蕉弄蝶

【学名】香蕉弄蝶*Erionota torus*。

【分类地位】

　弄蝶科（Hesperiidae）

　　蕉弄蝶属（*Erionota*）

【为害特征】香蕉弄蝶以幼虫吐丝卷叶成筒状，藏于内取食叶片为害。发生严重时可吃光大部分叶片，严重影响香蕉植株生长及结果（图2-12）。

【形态特征】

成虫　体长约30毫米，茶褐色，前翅中部有3个近方形的黄斑，呈三角形排列，靠外缘一个较小（图2-13）。

卵　扁球形，宽约2.5毫米，初为黄白色，后变浅红色、灰黑色，表面有放射线纹。

幼虫　老熟时体长50～65毫米，头部棕黑色，体被白粉，呈粉白色略带黄绿色。体中部肥大，各节背面有数条横皱纹（图2-14）。

蛹　体长35～42毫米，黄白色，被白粉，喙长，伸达或超过腹末，腹末具带钩臀棘。

【防治方法】

（1）**农业防治**　人工防治可摘除虫苞。冬季与春暖前将枯枝残叶砍下烧毁、沤作堆肥等，以消灭潜存的越冬幼虫和蛹。

（2）**生物防治**　香蕉弄蝶寄生性天敌卵期有拟澳洲赤眼蜂、松毛虫赤眼蜂、香蕉弄蝶跳小蜂、香港全棒跳小蜂、平腹小蜂、卵跳小蜂等，幼虫期有姬蜂、绒茧蜂，蛹期有广大腿小蜂、黑点瘤姬蜂、恶姬蜂等，其中以卵期香蕉弄蝶跳小蜂、香港全棒跳小蜂、幼虫期姬蜂和蛹期广大腿小蜂的寄生作用较强。捕食性天敌有蜘蛛、蚂蚁等。

图2-12 香蕉弄蝶为害特征（香蕉）

图2-13　香蕉弄蝶成虫（引自：https://www.cabi.org）

图2-14　香蕉弄蝶幼虫

第三章

半 翅 目

第一节　　　扶桑绵粉蚧

【学名】扶桑绵粉蚧*Phenacoccus solenopsis*。

【分类地位】

粉蚧科（Pseudococcidae）

绵粉蚧属（*Phenacoccus*）

【为害特征】主要为害扶桑等寄主植物幼嫩部位，以雌成虫和若虫吸食嫩枝、叶片、花芽和叶柄汁液；受害植物叶片萎蔫，嫩茎干枯，植株生长缓慢或停止，花蕾、花、叶片脱落；分泌蜜露诱发煤污病影响叶片光合作用，导致叶片干枯脱落，植物生长受阻，严重时可造成植株大量死亡（图3-1）。

【形态特征】

成虫　雄成虫羽化后从包裹蛹的白色丝茧后端开口退出来，虫体较小，黑褐色。头部略窄于胸部，于胸部交界处明显缢缩，眼睛突出，红褐色；口器退化；触角细长，丝状，每节上均有数根短毛。胸部发达，具1对发达透明前翅，翅脉简单，其上附着一层薄薄的白色蜡粉，后翅退化为平衡棒；足细长，发达。腹部较细长，圆筒状，腹末端具有2对白色长蜡丝，交配器突出，呈锥状。

雌成虫卵圆形，刚蜕皮时身体淡绿色，胸、腹背面的黑色条斑明显；随着取食时间延长，体色加深，身体变大，体表白色蜡粉较厚实，胸、腹背面的黑色条斑在蜡粉覆盖下呈黑色斑点状，其中胸部可见1对，腹部可见3对；体缘蜡突明显。

若虫　见图3-2。

1龄若虫：长椭圆形，头部钝圆，触角6节，体长约0.602微米，宽约0.283微米。

2龄若虫：长椭圆形，体缘出现明显齿状突起，触角6节，体长约0.847毫米，宽约0.426毫米。

3龄若虫：该龄期只有雌虫。初蜕皮若虫呈椭圆形，淡黄色，较2龄若虫体缘突起明显，尾瓣突出，体长1.589毫米，体宽0.819毫米。体表被蜡较厚，黑斑颜色加深。

蛹　离蛹，浅棕褐色，单眼发达，头、胸、腹区分明显，在中胸背板近边缘区可见1对细长翅芽。

【防治方法】

（1）**生物防治**　主要是利用植物源杀虫剂和天敌来抑制扶桑绵粉蚧的大量繁殖，控制其种群增长。从茶树、桉树、麝香草、欧薄荷、莎草等植物中提取的精油，对扶桑绵粉蚧毒杀效果较好。

另外，释放寄生性天敌班氏跳小蜂、松粉蚧抑虱跳小蜂、寄生蜂、粉蚧广腹细蜂、长崎原长缘跳小蜂、橙额长索跳小蜂、克氏长索跳小蜂、泽田长索跳小蜂、指长索跳小蜂、亚金跳小蜂等对扶桑绵粉蚧的控制作用也较为明显，尤其在南方，班氏跳小蜂在扶桑绵粉蚧的防治中发挥着不容忽视的作用。此外，捕食性天敌主要有双带盘瓢虫、孟氏隐唇瓢虫及圆斑弯叶毛瓢虫等。有调查发现，六斑月瓢虫也能捕食扶桑绵粉蚧。

（2）**化学防治**　在害虫大面积暴发时采用化学防治措施，可选用氟啶虫胺腈、噻虫嗪、丁烯氟虫腈、高效氯氰菊酯等药剂喷雾防治。

图3-1　扶桑绵粉蚧为害特征（扶桑）

图3-2　扶桑绵粉蚧若虫

第二节　　　　　新菠萝灰粉蚧

【**学名**】新菠萝灰粉蚧*Dysmicoccus neobrevipes*。

【**分类地位**】

　粉蚧科（Pseudococcidae）

　灰粉蚧属（*Dysmicoccus*）

【**为害特征**】新菠萝灰粉蚧有群聚的习性，主要在剑麻的根、茎以及叶片部位聚集，其地上茎的叶腋部位是害虫聚集最多的部位。若虫和成虫大量吸食剑麻的汁液，消耗植株营养，致其营养衰竭，而造成植株减产，严重时能够致剑麻根部塌陷，甚至死亡失收。另外，新菠萝灰粉蚧吸食剑麻植株汁液时，释放出一种能导致植株根系坏死的有毒物质，导致心叶腐烂而引发紫色卷叶病（图3-3）。

图3-3　新菠萝灰粉蚧为害特征（剑麻）

【**形态特征**】

　雌成虫　虫体呈椭圆形，触角细索状，着生在头部顶端腹面两侧边缘。体呈橘灰色，随着虫体的增大，体表开始覆盖大量白色蜡粉，尾须和侧蜡丝较长。

雄成虫 触角10节，体呈红褐色，头胸腹分节明显。胸部具1对翅，翅脉明显并具有金属光泽为银白色，其他部位为金黄色。后翅退化为平衡棒；尾部有2根特别长的蜡丝，接近尾部处为灰褐色，其他部位为白色，交配器突出呈锥状。

若虫 新菠萝灰粉蚧主要是胎生，即虫卵在雌体中孵化，出生时即是若虫（图3-4）。

1龄若虫 淡黄色，虫体分节明显。单眼1对，红色。触角为8节。背部无白色蜡质物，发育至后期，虫体背部有少量均匀的蜡质物分布。爬行能力强。

2龄若虫 虫体黄褐色变淡灰色加深，随着虫体增长，体表逐渐被均匀的蜡质物覆盖。到2龄若虫的后期虫体基本呈现灰色。体侧开始长出许多蜡丝。

图3-4 新菠萝灰粉蚧若虫

3龄若虫 刚蜕皮时体呈淡红色，虫体被自身所分泌的蜡粉逐渐加厚，体侧蜡丝较明显，共17对。

【防治方法】

（1）**农业防治** 加大培育抗虫品种力度，栽培制度上要进行轮作，认真落实种苗杀虫消毒工作，防止种苗带虫传播；由于蚂蚁与介壳虫是共生关系，所以要阻止蚂蚁进入麻园或注意杀除麻园中的蚂蚁；加强园地管理，适当施肥、疏枝以及保持通风透光等以增加植物的抗虫性，及时清除有新菠萝灰粉蚧寄生的枝条、叶片和果实等，集中烧毁有新菠萝灰粉蚧的植物枯枝、枯叶，可达到控制新菠萝灰粉蚧数量的效果。

（2）**化学防治** 种苗消毒时可选用丁烯氟虫腈、高效氯氰菊酯等药剂浸种苗5~10分钟；大田防治时，结合田间调查测报，抓住每个世代若虫盛发期施药，在害虫大面积暴发时采用化学防治措施，可选用氟啶虫胺腈、噻虫嗪、丁烯氟虫腈、高效氯氰菊酯等药剂交替使用，10~15天喷施1次，连续喷2~3次。据该虫发生严重地区的经验，最好使用高压喷枪进行喷杀，可以破坏该虫的蜡层或把该虫冲刷掉落到地面上，提高杀虫效果，但防治成本有所增加。

（3）**生物防治** 新菠萝灰粉蚧有很多的自然天敌，如孟氏隐唇瓢虫、丽草蛉、亚非草蛉、瓣饰瘿蚊亚属、弯叶毛瓢虫属、小毛瓢虫属等，开发利用这些天敌可有效地进行生物防治。

第三节　烟粉虱

【学名】烟粉虱*Bemisia tabaci*。

【分类地位】

粉虱科（Aleyrodidae）

小粉虱属（*Bemisia*）

【为害特征】烟粉虱通过直接刺吸茄子、木薯、豇豆等植物汁液，造成叶片发黄、枯萎，严重时整株死亡，若虫和成虫能分泌大量的蜜露，诱发煤污病，影响植物的光合作用，导致植物生长不良，大大降低了经济作物的经济价值和观赏植物的观赏价值，烟粉虱还可作为植物病毒的传播媒介，引发病毒病造成更大的为害（图3-5）。

【形态特征】

成虫　体淡黄白色到白色，翅白色，被蜡粉无斑点，体长0.85~0.95毫米，雌虫略大于雄虫，比温室白粉虱小。前翅脉1条不分叉，静止时左右翅合拢呈屋脊状，脊背有一条明显的缝（图3-6）。

卵　长约0.21毫米，宽0.1毫米，有光泽，呈长梨形，有小柄，与叶面垂直，卵柄通过产卵器插入叶表裂缝中，大多不规则散产于叶背面，也见于叶正面。成虫大量聚集时，可观察到卵排列成"C"形或环形。卵初产时为淡黄绿色，孵化前颜色慢慢加深至深褐色。

若虫　为淡绿色至黄色，1龄若虫有足和触角，能自由活动；在2、3龄时，足和触角退化至只有1节，体缘分泌可帮其附着在叶上的蜡质，固定在植株上取食；3龄若虫蜕皮后形成伪蛹，蜕下的皮硬化成蛹壳。

图3-5　烟粉虱为害特征（茄子）

图3-6　烟粉虱成虫

伪蛹 蛹壳呈淡黄色，长0.6～0.9毫米，边缘薄或自然下垂，无周缘蜡丝，背面有1～7对粗壮的刚毛或无毛，有2根尾刚毛。瓶形孔（管状孔）长三角形，孔后端有瘤状小突起，孔内缘具不规则齿。盖瓣半圆形，覆盖孔口约1/2，舌状突长匙状，明显伸出于盖瓣之外，末端具2根刚毛，腹沟清楚，由管状孔后通向腹末，其宽度前后相近，尾沟基部有5～7个瘤状突起（图3-7）。

【**防治方法**】

（1）**农业防治** 清洁田园，彻底铲除病虫株、衰枝老叶和杂草并销毁处理，以减少田内侵染源及成虫羽化数量。在温室大棚内，黄瓜、番茄、茄子、辣椒、菜豆等不要混栽，有条件的可与葱、韭菜、蒜、芹菜等非寄主作物间作套种，以减少烟粉虱的传播蔓延。

（2）**物理防治** 高温闷棚：在夏季换茬时集中处理残株残虫。将棚内所有活体植物的根部全部拔出，不清理出棚，而后再将棚室密闭7～10天，保持棚内温度50～70℃。在闷棚开始时最好采用高剂量烟剂彻底熏杀棚内虫源。待闷棚完成后再清理残株至棚外集中堆沤处理。尽可能消灭虫源，不让虫源扩散到棚外，减轻露地防控压力。

设置防虫、诱虫设施：用40目防虫网封闭放风口和进口，或者用轻质纤维网覆盖在作物上，可有效减少烟粉虱的进入和产卵；利用烟粉虱成虫对黄色有强烈的趋性，于作物定植后1周内悬挂黄板，悬挂位置在植株上方10～20厘米处，每个棚室内30～40块。

（3）**生物防治** 当烟粉虱的密度为每株0.5～1.0头时，可每隔1周释放一次丽蚜小蜂，每株放蜂3～5头，连续放蜂3～4次，可抑制烟粉虱种群增长。另外，桨角蚜小蜂、浅黄恩蚜小蜂、瓢虫、小花蝽、中华草蛉、赤座霉菌、蜡蚧轮枝菌等对烟粉虱也有很好的控制效果。

（4）**化学防治** 在保护地育苗前后和栽培前后，可用药剂熏蒸法消灭烟粉虱。喷雾防治可选择对烟粉虱敏感的药剂在虫口密度较低时进行，防治时间以早晨温度较低时为宜，此时烟粉虱活动不频繁，用药时应着重喷施叶背面，喷匀喷透。同时注意轮换用药，以延缓抗药性的产生。

图3-7　烟粉虱伪蛹（引自：http://gd.eppo.int）

双钩巢粉虱

【学名】 双钩巢粉虱*Paraleyrodes pseudonaranjae*。

【分类地位】

粉虱科（Aleyrodidae）

复孔粉虱亚科（Aleurodicinae）

巢粉虱属（*Paraleyrodes*）

【为害特征】 双钩巢粉虱主要刺吸椰子、槟榔叶片汁液使寄主植物受害，而且其发育速度快，虫口密度大，并在寄主植物叶背面分泌大量的蜡粉、蜡丝和蜜露，使叶背面呈一片白色，同时诱发煤烟病，而影响植物叶片光合、呼吸与散热作用。此外，受双钩巢粉虱为害的寄主植物叶片变黄、变形和提前落叶导致植物生长发育明显变弱，影响植物的外观（图3-8）。

【形态特征】

成虫 雄成虫，触角鞭状，密被感器。前、后翅翅脉简单只有一条中脉，前翅覆蜡粉，翅面上有近棕褐色的斑纹。腹部两侧分布有3对分泌蜡丝的腹孔，腹末抱握器长，雄成虫生殖器末端具有一个双钩状突出结构，这是该虫区别于该属其他粉虱种的主要特征。雌成虫，触角鞭状，仅有2个明显分节，前、后翅特征与雄成虫相似（图3-9）。

卵 卵呈椭圆形，多覆盖有白色蜡粉，初产时苍白色，后渐变为淡黄色，一端具有卵柄。卵柄插入寄主植物的叶片组织中，起固定和吸收水分的作用（图3-10）。

图3-8 双钩巢粉虱为害特征（槟榔）

若虫 共4龄。

1龄若虫 体扁平，椭圆形，浅黄色。触角2节，有1对红色复眼，足发达，分3节；初孵化时虫体透明，扁平状，随着虫体发育逐渐变为半透明至淡黄色或黄色且背面隆起，体背中央分泌絮状蜡质物。初孵化的1龄若虫短时间内爬行然后固定在叶片上取食。

2龄若虫 足、触角有所退化，分节渐变得不明显；初蜕皮时虫体透明，扁平状，无蜡粉；随着虫体发育逐渐变为半透明至淡黄色或黄色且背面稍隆起，背盘区可见2对明显的孔状结构分泌出发亮的细小蜡丝，沿着体缘分泌出短的绵状蜡质物呈放射状。

3龄若虫 其形态与2龄若虫相似，足、触角进一步退化，分节不明显；体背可见3对孔状结构分泌出丝状蜡丝，沿着体缘分泌出短的绵状蜡质物呈放射状。

伪蛹（4龄若虫） 初蜕皮时透明，扁平状，无蜡粉，随着虫体发育逐渐由半透明转至淡黄色或黄色且背面隆起，足、触角和复眼完全退化，随着虫体发育体上的蜡粉逐渐增多、加长，体背有很多形态各异的蜡孔，分泌蜡丝和蜡粉，蜡丝折断后放置在虫体周围形似鸟巢状；在虫体胸部和腹部背分别有1对和6对复合孔；舌状突两侧的复合孔分泌出粗厚的毛刷状蜡丝。羽化成虫后，蛹壳背中线上留有一羽化口。

【防治方法】

可选用顺式氯氰菊酯、溴氰菊酯、三氟氯氰菊酯、高效氯氰菊酯、联苯菊酯、啶虫脒或噻嗪酮等药剂，于双钩巢粉虱的若虫盛孵期和成虫发生高峰期进行喷雾防治。配药时，按用药量的5%～10%添加有机硅等表面活性剂，可提高防效。

图3-9　双钩巢粉虱成虫

图3-10　双钩巢粉虱卵

第五节　小巢粉虱

【学名】小巢粉虱*Paraleyrodes minei*。

【分类地位】

粉虱科（Aleyrodidae）

复孔粉虱亚科（Aleurodicinae）

巢粉虱属（*Paraleyrodes*）

【为害特征】以若虫和成虫群集在槟榔叶片背面吸食汁液，使叶片变黄、萎蔫甚至枯死，影响作物正常的生长发育。此外，若虫所分泌的大量蜜露堆积于叶面及果实上，引发煤污病，降低作物的产量和品质，影响园艺植物的观赏价值（图3-11）。

【形态特征】

成虫　个体较小，体淡黄色，复眼红色；体和翅表面具蜡粉，前翅无明显的褐斑；雄虫末端具1对较长的夹状抱握器，阳茎位于其中（图3-12）。

卵　淡黄色，常常具黄色区域，位置不定；后期常加深，橙黄色。卵表面或周围具绒状蜡粉。

若虫　共4龄。

1龄若虫　体的四周具薄蜡层，触角3节，约与体宽之半等长；体侧长出蜡层，最长可达体宽的一半；有些个体背面具团絮状蜡粉。

2龄若虫　体侧的蜡膜也较长，可达体宽的1/4；中足外侧前后各具玻璃丝状蜡丝（即复合孔分泌的蜡丝），孔状腺附近具絮状小蜡粉。

3龄若虫　与2龄若虫相近，虫体较大，蜡丝断裂后留在体的四周。

4龄若虫（蛹）　虫体两侧各有5根玻璃丝状蜡丝（即前胸1个复合孔，腹部4个复合孔所分泌），在腹部4根玻璃丝状蜡线的上方尚有2个更细的蜡丝（即腹部第3～4节较小的复合孔所分泌），有时呈玻璃丝状，有时略带絮状。随着时间的推移，四周堆积的蜡丝越来越多，近似鸟巢形。

【防治方法】

同双钩巢粉虱防治方法。

图3-11　小巢粉虱为害特征（槟榔）

图3-12　小巢粉虱成虫

第六节　　　橡副珠蜡蚧

【学名】橡副珠蜡蚧*Parasaissetia nigra*。

【分类地位】

蜡蚧科（Coccidae）

副珠蜡蚧属（*Parasaissetia*）

【为害特征】该虫主要以成虫和若虫用口针刺吸、取食橡胶树幼嫩枝叶的营养物质，导致枝叶发黄、萎缩、落叶，甚至枝条干枯，削弱植株长势，产量减少，严重时导致停割，整株枯死等。其次，橡副珠蜡蚧还会分泌大量蜜露，诱发煤烟病，使橡胶树枝叶被煤污物覆盖。当橡副珠蜡蚧大发生时，其介壳密被于植株的表面，严重影响橡胶树的呼吸和光合作用（图3-13）。

【形态特征】

雌成虫　椭圆形，背部隆起，体被暗褐色至紫黑色蜡壳，较硬，产卵期有光泽。单眼1对，位于身体的腹侧面，在触角基部的外方。触角棒状。内口式刺吸式口器，位于前体的腹面，在头的基部，开口在前足水平线之间。虫体背面的小背刺常为直棒状，其顶端钝（图3-14）。

卵　卵为椭圆形，孵化之前为橘黄色，快孵化的卵的一端有两个黑点即为孵化后若虫的眼睛。

若虫　有以下特征。

1龄若虫　单眼1对，体椭圆形，橘黄色，取食后体色变暗。1龄若虫在爬行时可以明显看到触角和足，而在静止时则把触角和足收藏于体下，有2条明显尾须。

2龄若虫　体扁平，体背分泌蜡物，有较软的蜡壳，呈龟裂状，蜡壳上附有少量的白色蜡丝，口针较长，达生殖孔，触角和足均藏于薄软的蜡壳下面，刚蜕

图3-13　橡副珠蜡蚧为害特征（橡胶）（张方平提供）

皮时，体色较浅，当暴露于自然光下后慢慢暗化。

3龄若虫　体浅褐色，触角和足均藏于薄软的蜡壳下面。口针褐色，相对体长较短。体背已略为隆起，体背的蜡质物分泌发达，龟裂状明显，另外，体背已开始大量分泌白色蜡丝，在其刚毛附近的分泌物已显著增加。生殖孔更加发达。

【防治方法】

（1）**农业防治**　加强橡胶林的管理，提高胶林的营养，增强其抗虫性。对胶林的枯枝、弱枝和细枝进行修剪，除去有虫枝条和林间杂草，注意冬季落叶的集中焚烧，以减少虫源。

（2）**生物防治**　保护和利用田间橡副珠蜡蚧的生防资源，例如寄生蜂、草蛉、褐蛉、捕食性瓢虫及寄生菌等类群，尤其是重点保护利用副珠蜡蚧阔柄跳小蜂、斑翅食蚧蚜小蜂、纽绵蚧跳小蜂等寄生蜂，当田间寄生率达30%以上时，可依靠天敌的自然控制作用。另外，也可通过扩繁释放蜡蚧阔柄跳小蜂、日本食蚧蚜小蜂、优雅岐脉跳小蜂等寄生蜂进行防治。

（3）**化学防治**　可用喷雾法和烟雾法进行防治。喷雾法主要用于中林、幼林及苗圃，可选用氟啶虫胺腈、噻虫嗪、丁烯氟虫腈、高效氯氰菊酯等药剂进行防治。烟雾法主要用于开割林，可用专门的热雾剂进行防治，于晴天的凌晨3：00—4：00开始施药。

图3-14　橡副珠蜡蚧成虫（张方平提供）

第四章

双 翅 目

第一节　　　　　　　　　　瓜实蝇

【学名】瓜实蝇*Bactrocera cucurbitae*。

【分类地位】

实蝇科（Tephritidae）

果实蝇属（*Bactrocera*）

【为害特征】成虫将产卵管刺入幼瓜表皮内产卵，幼虫孵化后即钻入瓜内，群集于瓜瓤中间为害（图4-1）。受害瓜果初期局部变黄，逐渐全瓜腐烂变臭，内有蛆虫蠕动，造成大量落瓜，或刺伤处畸形下陷，果皮硬实，瓜味苦涩，严重影响瓜果的品质和产量。该虫主要在菜园、果园等栽培果树和野生植物上为害。

【形态特征】

成虫　体黄褐色至红褐色。额狭窄，两侧平行。复眼间有前后排列的褐斑2个；前胸两侧、中胸两侧均有黄色纵纹，中胸背面有并列3条黄纵纹；后胸小盾片黄色至土黄色，基部有一红褐色至暗褐色狭痕带。腹部黄褐色近椭圆形，第2背板前中部有两狭短褐带，第3背板前部有一狭长褐横带，从横纹中央向后直达尾端有一黑纵纹，两纹形成明显的"T"形。雌虫产卵器扁平，产卵管基节黄褐色。足黄色或黄褐色，腿节淡黄色。翅尖具一圆斑（图4-2）。

卵　细梭形，乳白色。

幼虫　初孵幼虫乳白色，呈蛆状，老熟幼虫米黄色。尾端较大，呈截形，上有2个黑褐色或淡褐色突出颗粒（图4-3）。

蛹　圆筒形，初始颜色为米黄色，后呈黄褐色。

【防治方法】

（1）**物理防治**　根据不同防治方式可以分为以下几种。

套袋：在幼瓜、幼果期、成虫未产卵前进行套袋（图4-4）。

图4-1 瓜实蝇为害特征（苦瓜）

图4-2 瓜实蝇成虫

粘蝇纸：在幼瓜、幼果期，将粘蝇纸用竹筒或矿泉水瓶固定，悬挂于离地面1.2米高的瓜架上。

色板诱杀：使用黄板诱杀。

性诱剂诱杀：瓜实蝇引诱剂的活性成分为4-对-乙酰基氧基苯基-2-丁酮（诱蝇酮）。使用时先用脱脂棉制成直径约10毫米或长约40毫米的棉棒，并在其上注入混合了阿维菌素的诱剂2~3毫升，然后置于诱捕器内。将诱捕器悬挂在合适的位置。每10~15天在棉棒上补充诱剂1~2毫升，至少每2个月更换1次棉棒。

（2）**生物防治** 保护天敌，尽量选择对天敌伤害小的农药，并注意避开天敌的生殖繁育期。可人工繁殖和释放瓜实蝇卵和蛹的寄生性天敌，如阿里山潜蝇茧蜂、弗蝇潜蝇茧蜂等，或捕食性天敌如隐翅虫、步行虫等。

（3）**化学防治** 在成虫盛发期，选用溴氰菊酯可湿性粉剂、甲氰菊酯水乳剂、甲维盐微乳剂、高效氟氯氰菊酯微乳剂、阿维菌素微乳剂、多杀霉素悬浮剂或烯啶虫胺水剂进行喷雾。每3~5天喷药1次，连续防治2~3次。

图4-3 瓜实蝇幼虫为害苦瓜

图4-4 物理防治（套袋）

第二节　　　　　　　　　　橘小实蝇

【学名】橘小实蝇*Bactrocera dorsalis*。

【分类地位】

实蝇科（Tephritidae）

果实蝇属（*Bactrocera*）

【为害特征】橘小实蝇以成虫和幼虫为害番木瓜、番石榴、番荔枝和芒果等果实（图4-5）。雌成虫产卵于各类果实果皮下，产卵时刺伤果实，导致果实汁液流溢，引起病原物入侵而腐烂。幼虫潜居果瓤中取食沙瓤汁液，致使沙瓤被穿破，平瘪收缩，而成灰褐色，被害果外表虽佳，色泽尚鲜，但内部已空虚，故被害果常未熟先黄，提早脱落，造成严重落果现象。若果内幼虫不多，果实虽暂不脱落，但由于老熟幼虫即将化蛹，常穿孔而出，导致被害果于幼虫穿孔后数日内脱落，也有少数不脱落，但其果肉已变坏并有异味，不能食用。

【形态特征】

成虫　体长7～8毫米，翅透明，翅脉黄褐色，有三角形翅痣（图4-6）。全体深黑色和黄色相间。胸部背面大部分黑色，但黄色的"U"字形斑纹十分明显。腹部黄色，第1、2节背面各有一条黑色横带，从第3节开始中央有一条黑色的纵带直抵腹端，构成一个明显的"T"字形斑纹。雌虫产卵管发达，由3节组成。

卵　梭形，长约1毫米，宽约0.1毫米，乳白色。

幼虫　蛆形，为无头无足型，老熟时体长约10毫米，黄白色。

蛹　围蛹，长约5毫米，全身黄褐色。

【防治方法】

（1）**物理防治**　在幼果期，对经济价值高、易操作的果蔬可选择质地好、透气性较强的套袋材料及时进行果实套袋，套袋时扎口朝下。

诱杀：利用甲基丁香酚诱杀橘小实蝇的雄性成虫，可以将果园中的大量雄性成虫杀死，从而减少雌虫接受雄虫交配的概率，降低野外整体虫口密度。

（2）化学防治

毒饵点喷：在成虫发生量低的情况下，为了控制早春期间成虫的发生量，降低早熟水果受感染率，从而抑制第一代虫峰的发生数量，可采用水解蛋白加杀虫剂混合点喷，混合配制成毒饵，混合液按每1/15公顷果园随机选6个点喷施，每个点喷混合液约100毫升，喷射到树叶上。

杀虫剂覆盖式喷雾：用有机磷杀虫剂，雾状喷洒覆盖于寄主植物树冠上，直接将正在树冠上活动的两性成虫杀死。喷洒的时间宜在一天中成虫活动盛期的10：00—13：00或16：00—18：00。由于实蝇成虫对杀虫剂比较敏感，故很容易被杀死，可根据实际情况选用杀虫剂。

土壤施药处理：实蝇有在土壤中化蛹的习性，幼虫在果实中发育成熟，然后从果实中脱出落地，钻入土表层化蛹。在幼虫进入土壤至成虫羽化这段时间，采取土壤药剂处理，可在很大程度上将下一代实蝇发生的基数降低，从而控制其扩散蔓延。

图4-5　橘小实蝇为害特征（番木瓜）

图4-6　橘小实蝇成虫

第三节　　美洲斑潜蝇

【学名】美洲斑潜蝇*Liriomyza sativae*。

【分类地位】

　　潜蝇科（Agromyzidae）

　　斑潜蝇属（*Liriomyza*）

【为害特征】美洲斑潜蝇成虫、幼虫均可为害豇豆、辣椒、茄子和丝瓜等，幼虫潜入叶片，在上表皮和下表皮之间的叶肉组织内，产生先细后宽不规则蛇形弯曲或盘绕的白色虫道，虫道内有交替排列整齐的黑色虫粪。一般是一虫一道，老熟幼虫一天潜食3厘米左右。成虫在叶片正面取食，雌成虫刺伤植物叶片，进行产卵，形成针尖大小近圆形的刺伤孔，刺伤孔初为浅绿色，后变白色，仔细观察肉眼可见。斑潜蝇为害后，叶绿素被破坏，影响光合作用，导致蔬菜生长缓慢，发育不良，叶片中的幼虫多时，白色虫道连在一起，整个叶片发白，叶片脱落，空气湿度大时叶片腐烂，严重的造成毁苗（图4-7）。成虫的交叉取食为害，还能传播其他病害。

【形态特征】

成虫　小型蝇类，体长1.3～2.3毫米，胸背面亮黑色有光泽，腹部背面黑色，侧面和腹面黄色，臀部黑色，雌虫体型较雄虫稍大。雄虫腹末圆锥状，雌虫腹末短鞘状。颚、颊和触角亮黄色，眼后缘黑色。中胸背板亮黑色，小盾片鲜黄色，足基节、腿节黄色，前足黄褐色，后足黑褐色，腹部大部分黑色，但各背板的边缘有宽窄不等的黄色边。翅无色透明，翅长1.3～1.7毫米，翅腋瓣黄色，边缘及缘毛黑色，平衡棒黄色。

卵　椭圆形，乳白色至米色稍透明，肉眼不易发现。

幼虫　蛆形，分为3个龄期，1龄幼虫几乎是透明的，2～3龄变为鲜黄色，

图4-7　美洲斑潜蝇为害特征（豇豆）

老熟幼虫可达3毫米，腹末端有1对形似圆锥的后气门。

蛹 椭圆形，腹部稍扁平，初化蛹时颜色为鲜橙色，后逐渐变暗黄。后气门三叉状。

【**防治方法**】

（1）**农业防治** 早春和秋季蔬菜种植前，彻底清除菜田内外杂草、残株、败叶，可集中深埋、沤肥或烧毁，减少虫源；种植前20天深翻菜地，使土壤表层的蛹不能羽化，以降低虫口基数；把斑潜蝇嗜好的瓜类、茄果类、豆类与其不为害的作物如葱、蒜类进行套种或轮种；合理改善种植密度，增强田间通透性，及时疏间病虫弱苗、过密的植株或叶片，增强抗虫性，以减轻其为害。

（2）**生物防治** 美洲斑潜蝇的主要天敌有姬小蜂、潜蝇茧蜂、反颚茧蜂，均寄生幼虫。姬小蜂除寄生寄主外，还可刺杀取食斑潜蝇1龄、2龄幼虫，人工饲养释放姬小蜂，防治效果好。美洲斑潜蝇幼虫期捕食性天敌还有小花蝽、蓟马、小红蚂蚁等，药剂防治时尽量使用对天敌无毒或低毒的药剂，保护利用天敌。

（3）**化学防治** 防治幼虫要抓住瓜类、豆类蔬菜子叶期和第一片真叶期，每叶片有幼虫5头，幼虫1～2龄，叶上虫体长约1毫米时喷药，于8:00—11:00露水干后喷洒50%灭蝇胺可湿性粉剂、1.8%阿维菌素水乳剂、25%杀虫双水剂。此外提倡施用1.8%阿维·高氯乳油、20%灭蝇胺可溶粉剂、20%阿维·杀虫单微乳剂、33%阿维·灭蝇胺悬浮剂、1%噻虫胺颗粒剂，每隔7天喷1次，共喷2～4次。注意农药要交替使用，以降低抗药性的产生。防治成虫，宜在早上或傍晚成虫大量出现时喷药，重点喷田边植株叶片；在田间每亩（667米^2）放置15张诱蝇纸（杀虫剂浸泡过的纸），每隔2～4天更换一次。

（4）**黄板诱杀** 因成虫有较弱飞翔性，对黄色趋性强，在田间插立或在高出植株顶部10厘米处悬挂黄板，加大黄板使用密度对控制虫口密度效果十分明显，建议每亩设置60～80块。

第五章

膜 翅 目

第一节　　　　红火蚁

【学名】红火蚁*Solenopsis invicta*。

【分类地位】

蚁科（Formicidae）

切叶蚁亚科（Mymicinae）

火蚁属（*Solenopsis*）

【为害特征】红火蚁属杂食性，取食土栖的小型动物，为害严重的地区其土壤中的蚯蚓往往被取食殆尽。红火蚁甚至取食哺乳类、鸟类及爬虫类的幼雏，造成一些物种数量大幅减少，严重危害生态结构。红火蚁也取食作物的种子、果实、幼芽、嫩茎与根系，严重影响作物的生长与收成，造成严重经济损失（图5-1）。放养的禽畜也会因红火蚁的叮咬受到干扰，甚至死亡。红火蚁还会损坏农业灌溉系统，蚁丘会造成收割机械的故障。红火蚁的蚁巢常常入侵户外与居家附近电器相关的设备中，红火蚁甚至咬破电线的绝缘体部分而造成电线短路或设施故障。红火蚁对人体健康的危害最严重。红火蚁巢受干扰时，会涌出大量的红火蚁攻击入侵者，而且红火蚁的螯针没有倒钩，可以连续螯刺达7～8次，因此入侵者往往会遭到大量的叮咬。被红火蚁叮咬后，因大量酸性毒液的注入，除立即产生破坏性的伤害与剧痛外，毒液中的毒蛋白会引起被攻击者的过敏性反应，严重时会全身过敏，甚至引起休克及死亡（图5-2）。叮咬部位产生的白色脓包，若被弄破则容易引起细菌性深度感染。

【形态特征】

有翅雌蚁和蚁后　有翅雌蚁体长，头及胸部棕褐色，腹部黑褐色，头部细小，触角呈膝状，胸部发达，前胸背板亦显著隆起；蚁后腹部较有翅雌蚁膨大，无翅，其他方面两者相似。

图5-1　红火蚁蚁巢

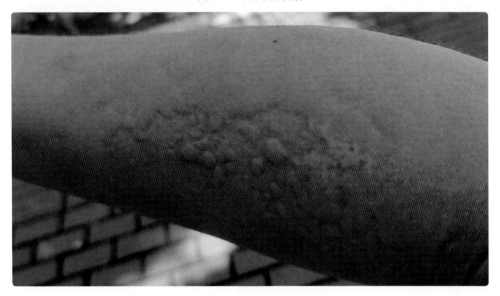

图5-2　红火蚁叮咬人体症状

有翅雄蚁 体黑色，头部细小，触角呈丝状，胸部发达，前胸背板显著隆起。有翅雄蚁的职责就是婚飞中的交配，交配后即死，这点与有翅雌蚁交配落地脱翅变成蚁后不同，所以巢中一般不存在无翅雄蚁。

工蚁 一般分小型工蚁和大型工蚁（图5-3）。

小型工蚁 头、胸、触角及各足均棕红色，腹部常棕褐色，腹节间色略淡，腹部第2～3节腹背面中央常具有近圆形的淡色斑纹。头部略呈方形，复眼细小，黑色，位于头部两侧上方，触角共10节，柄节（第二节）最长，但不达头顶，鞭节端部2节膨大呈棒状，常称锤节。额下方连接的唇基明显，两侧各有齿1个，唇基内缘中央有三角形小齿，齿端常着生刚毛1根。上唇退化。上颚发达，内缘有数个小齿。前胸背板前端隆起，前、中胸背板的节间缝不明显；中、后胸背板的节间缝则明显，胸腹连接处有两个结节，第一结节呈扁锥状，第二结节呈圆锥状。腹部卵圆形，可见4节，腹部末端有螯刺伸出。

图5-3 红火蚁工蚁
（引自：https://www.antwiki.org）

大型工蚁 形态与小型工蚁相似，体橘红色，腹部背板色略深，上颚发达，黑褐色，体表略有光泽，体毛较短小，螯刺常不外露。

【防治方法】

（1）**物理防治** 主要为沸水法和水淹法。沸水法是用沸水浇灌蚁巢，防治效果近60%。水淹法就是挖巢后把整个蚁巢在水中浸泡足够长时间，直至红火蚁个体全部死亡。

（2）**化学防治** 有毒饵法、灌药法以及撒粉法等。

点施（单个蚁巢处理）：在蚁丘周围0.3～1.0米范围内撒施，然后在蚁丘上撒施，此法适用于零星出现蚁丘的区域。

撒施（一定面积撒施）：在蚁丘普遍出现的区域应均匀撒施诱饵。根据防治效果，2～3周补施1次。

（3）**生物防治** 主要是通过蚤蝇寄生的方式进攻红火蚁，蚤蝇幼虫孵化后以红火蚁的体内组织等为食物。其他天敌还有来自南美洲红火蚁原生地的寄生真菌、寄生蚁和寄生原虫。

第六章

软体动物

第一节　　　　　　　　福寿螺

【学名】福寿螺*Pomacea canaliculata*。

【分类地位】

软体动物门（Mollusca）

腹足纲（Gastropoda）

中腹足目（Mesogastropoda）

瓶螺科（Ampullariidae）

瓶螺属（*Pomacea*）

【为害特征】福寿螺食量极大，并可啃食很粗糙的植物，还能取食藻类，其排泄物能污染水体。卵孵化后不久即开始取食水稻等植物，尤喜幼嫩部分，主要吞食稻叶和咬剪水稻主蘖及有效分蘖，造成缺苗或有效穗减少，从而导致减产。此外，福寿螺也是卷棘口吸虫、广州管圆线虫的中间宿主（图6-1）。

图6-1　福寿螺为害特征（水稻）

【形态特征（图6-2）】

成螺 福寿螺的软体部可分为头、足、内脏囊三部分。头部发达，呈圆柱状。头的前端突出成吻，吻的前端伸出一对叉状的唇须（前触角），吻的腹面为口。吻的基部两侧各有一条细长的后触角，后触角的伸缩性强。每一后触角基部外侧的隆起上有个棕色的眼。在头的左右两侧各有肌肉皱褶形成的管子。右侧的为出水管，短而扁平；左侧的为呼吸管（没有入水管），内通外套腔，呼吸管的伸缩性极强。当水中氧气不足时，常卷成一粗大的葱管状的空管，不时地伸出水面进行呼吸。头部的后下方有一个发达的肌肉质腹足，用以匍匐爬行或附着于其他物体上。足具有宽大的跖面，前端钝，后端较尖。去螺壳可见外套膜和内脏囊，内脏囊突出于身体背面，和贝壳螺旋式的扭转相一致。

贝壳右旋。壳质较厚而坚固，外形呈卵圆球形。有5或6个螺层，均外凸，螺层在宽度上增长迅速。螺旋部低矮，体螺层极膨大。各螺层上部呈肩状，体螺层肩部更明显。缝合线深，凹入成锐角。壳面光滑，有光泽，呈绿色、黄绿色或黑色。壳口大，近卵圆形，周缘简单，内唇上方贴覆于体螺层上，形成薄的蓝灰色胼胝部。

卵 卵粒球形或圆球形，直径2毫米左右，刚产下的卵为粉红色至鲜红色，卵的表面有薄层不明显的白色粉状物，在5—6月的常温下，卵粒4~5天后变为灰白色至褐色，此时卵内已孵化为幼螺。卵块呈椭圆形，大小不一，随母螺大小而异，卵粒排列整齐，卵层明显，不易脱落，鲜红色，小卵块只有数十粒卵，大卵块可达千粒以上，卵块产在离开水面的石块、木桩、田埂和水生植物等物体上。

【防治方法】

（1）**物理防治** 组织人力摘卵、捡螺，集中销毁。春、秋季福寿螺产卵高峰期，在稻田中插些竹片、木条等，引诱福寿螺在这些竹片、木条上集中产卵，每2~3天摘除一次卵块进行销毁。

（2）**化学防治** 50%杀螺胺乙醇胺盐可湿性粉剂和6%四聚乙醛颗粒剂可杀螺；植物源农药有60%皂苷·烟碱水剂；与福寿螺同源地的入侵植物提取物如五爪金龙、马缨丹、胜红蓟和蟛蜞菊等的浸出液对福寿螺有较好的诱杀作用。

图6-2　福寿螺成螺（A）和卵块（B）

第二节　褐云玛瑙螺（非洲大蜗牛）

【**学名**】褐云玛瑙螺*Achatina fulica*。

【**分类地位**】

肺螺目（Pulmonata）

柄眼亚目（Stylommatophora）

玛瑙螺科（Achatinidae）

玛瑙螺属（*Achatina*）

【**为害特征**】褐云玛瑙螺食性广，为害蔬菜、花卉、甘薯和花生等草本、木本和藤本等500多种植物，严重时，造成农作物减产或绝收（图6-3）。褐云玛瑙螺还可对生态系统的多样性造成不可逆转的破坏，对物种的多样性也产生一定的威胁。此外，褐云玛瑙螺是人、畜寄生虫和病原菌的中间寄主，尤其可传播结核病和嗜酸性胸膜炎。

【**形态特征**】

褐云玛瑙螺是一种中大型的陆栖蜗牛（图6-4）。壳质稍厚，有光泽，呈长卵圆形。成螺壳长一般为7~8

图6-3　褐云玛瑙螺为害榄仁树

厘米，最大可超过20厘米。整个螺壳呈圆锥状，壳顶尖，体螺层膨大，壳面呈黄色或深黄色底，带有焦褐色雾状花纹，壳一般为玉白色。其他各螺层有断续的棕色条纹，生长线粗而明显。壳内为淡紫色或蓝白色。壳口呈卵圆形，外唇薄，易碎。内唇贴覆于体螺层上，形成"S"形的蓝白色的胼胝部。足部肌肉发达，背面呈暗棕色，黏液无色。卵为椭圆形，乳白色或淡青黄色。

图6-4　褐云玛瑙螺

【防治方法】

（1）**物理防治**　在褐云玛瑙螺可能隐藏的地方，投放白菜或甘蓝等其喜好的食物诱集，到晚上去捕捉，然后集中经石灰处理挖坑填埋。

（2）**生物防治**　利用细菌、线虫寄生生物等防治褐云玛瑙螺，但目前应用不多；宣传保护利用蟾蜍、鸟类等有益天敌的捕食性来控制，从而降低蜗牛的虫口密度；大力倡导养殖鸡、鸭、鹅等来啄食控制褐云玛瑙螺。

参考文献

白学慧，王锡云，吴贵宏，等，2014. 咖啡果小蠹在中国的入侵风险性分析[C]//
　　云南省热带作物学会. 云南省热带作物学会第八次会员代表大会暨2014年学术
　　年会论文集：187-190.

柴建萍，江秀均，倪婧，等，2015. 云南蚕区新入侵桑树害虫双钩巢粉虱的初步
　　鉴定[J]. 蚕业科学，41（4）：603-607.

陈伟，张方平，刘奎，等，2009. 不同寄主植物对橡副珠蜡蚧发育和繁殖的影响
　　[J]. 热带作物学报，30（1）：70-74.

陈义群，黄宏辉，王书秘，2004. 椰心叶甲的研究进展[J]. 热带林业，32（3）：
　　23-28.

崔守东，2016. 辐照导致橘小实蝇对性诱剂趋性变化机理的研究[D]. 福州：福建农
　　林大学.

邓望喜，汪钟信，彭发青，1999. 美洲斑潜蝇对豆科与葫芦科主要蔬菜品种
　　（系）的选择性研究[J]. 华中农业大学学报（4）：317-320.

丁茜，吴伟坚，符悦冠，2011. 双钩巢粉虱产卵分泌物的化学成分[J]. 环境昆虫学
　　报，33（3）：329-334.

杜丽娜，JONATHAN DAVIES，陈小勇，等，2007. 入侵生物金苹果螺在滇池流
　　域的首次记录[J]. 动物学研究，28（3）：325-328.

范滋德，1993. 桔小寡鬃实蝇的鉴定[J]. 植物检疫（3）：161-164.

方剑锋，云昌均，金扬，等，2004. 椰心叶甲生物学特性及其防治研究进展[J]. 植
　　物保护，30（6）：19-23.

付浪，汤宝珍，侯有明，2020. 棕榈科植物入侵害虫水椰八角铁甲的研究进展[J].
　　环境昆虫学报，42（4）：829-837.

高希武，高洪荣，2005. 外来物种红火蚁的化学防治技术[J]. 植物保护，31（2）：
　　14-17.

郭井菲，何康来，王振营，2019.草地贪夜蛾的生物学特性、发展趋势及防控对
　　策[J]. 应用昆虫学报，56（3）：361-369.

郭井菲，张永军，王振营，2022. 中国应对草地贪夜蛾入侵研究的主要进展[J]. 植

物保护，48（4）：79-87.

韩群鑫，林志斌，李贤，2005. 椰心叶甲生活习性初探[J]. 广东林业科技，21（1）：60-62.

胡建光，2003. 福寿螺对水稻的为害原因及防治技术探讨[J]. 温州农业科技（1）：20-21.

胡钟予，2017. 新菠萝灰粉蚧生物学和生态学特性研究[D]. 杭州：浙江农林大学.

华瑞香，2013. 温度驯化对水椰八角铁甲耐寒性和耐热性的影响[D]. 福州：福建农林大学.

黄标，赵家流，夏李虹，等，2015. 新菠萝灰粉蚧综合防治技术研究与示范推广[J]. 安徽农业科学，43（32）：274-278.

黄俊，陆永跃，许益镌，等，2009. 0.045% 茚虫威饵剂对红火蚁的田间防治效果评价[J]. 植物保护，35（3）：145-149.

黄立飞，黄实辉，房伯平，等，2011. 甘薯小象甲的防治研究进展[J]. 广东农业科学（S1）：77-79.

黄莉，2020. 甘薯大田期常见虫害的识别、发生与防治技术[J]. 园艺与种苗，40（10）：51-53.

黄玲，2011. 扶桑绵粉蚧生物学特性及其防控技术研究[D]. 长沙：湖南农业大学.

黄世水，曾繁海，古谨，等，1998. 非洲大蜗牛的传播方式与防止对策初探[J]. 植物检疫，4（12）：223-225.

黄田福，熊忠华，曾鑫年，2007. 15 种杀虫剂对红火蚁工蚁的触杀活性研究[J]. 华南农业大学学报，28（4）：26-29.

金涛，马光昌，温海波，等，2018. 新入侵害虫海枣异胸潜甲防治药剂的室内筛选[J]. 热带作物学报，39（5）：963-966.

阚跃峰，崔向华，周林娜，等，2019. 海南省芝麻田美洲斑潜蝇发生为害特点及防治方法[J]. 农业科技通讯（10）：196-197.

劳有德，2008. 广西剑麻产区要重视新菠萝灰粉蚧的防治[J]. 广西热带农业（5）：24-25.

雷剑，王连军，苏文瑾，等，2018. 甘薯小象甲防治研究进展[J]. 湖北农业科学，57（24）：9-12.

李爱英，1982. 瓜实蝇和橘小实蝇的生态及其防治[J]. 热带作物译丛（4）：67-71.

李德山，李建光，2005. 红火蚁生物学特性及其防治[J]. 植物检疫（2）：93-95.

李红卫，师科，太一梅，等，2022. 不同引诱剂对草地贪夜蛾的诱集与防治效果[J]. 安徽农业科学，50（14）：131-133.

李洪，刘丽，阎伟，2015. 新入侵害虫椰子织蛾的发生及防治[J]. 中国森林病虫，34（4）：10-13.

李后魂，尹艾荟，蔡波，等，2014. 重要入侵害虫：椰子木蛾的分类地位和形态特征研究（鳞翅目木蛾科）[J]. 应用昆虫学报，51（1）：283-291.

李萍，2020. 甘薯主要虫害的识别及防治[J]. 农业灾害研究，10（3）：24-25，64.

李萍，黄新动，李燕，等，2008. 非洲大蜗牛在云南的发生规律及防治方法[J]. 植物检疫，22（3）：189-190.

李文蓉，1988. 东方果实蝇之防治[J]. 中华昆虫（特刊）（2）：51，60.

李小慧，胡隐昌，宋红梅，等，2009. 中国福寿螺的入侵现状及防治方法研究进展[J]. 中国农学通报，25（14）：229-232.

梁广勤，1997. 简述桔小实蝇及其四个近似种[J]. 中国进出境动植检（3）：38-40.

梁广勤，梁帆，吴佳教，等，2003. 实蝇的防治原理及防治措施[J]. 广东农业科学（1）：36-38.

梁广勤，梁国真，林明，等，1993. 实蝇及其防除[M]. 广州：广东科学技术出版社.

梁琼超，黄法余，黄箭，2002. 从进境棕榈植物中截获的几种铁甲科害虫[J]. 植物检疫，16（1）：19-22.

梁琼超，黄法余，赖天忠，等，2005. 从入境泰国种苗截获的危险性害虫水椰八角铁甲[J]. 植物检疫，19（3）：160-161.

林晓佳，吴蓉，陈吴健，等，2013. 新菠萝灰粉蚧研究进展[J]. 浙江农业科学（11）：1387-1391.

凌开树，林伯欣，1988. 香蕉弄蝶生物学及其防治初步研究[J]. 福建省农科院学报，3（1）：17-22.

刘博，覃伟权，阎伟，2019. 基于MaxEnt模型的小巢粉虱在中国的潜在地理分布[J]. 环境昆虫学报，41（6）：1276-1286.

刘博，阎伟，2020. 双钩巢粉虱在我国的适生区预测[J]. 植物检疫，34（4）：56-59.

刘若思，段波，刘娟，等，2020. 非洲大蜗牛形态特征及螺壳制作方法[J]. 现代农业科技（5）：197-198.

刘文丽，郭文利，1994. 大瓶螺引种养殖的农业气象问题[J]. 中国农业气象，13（2）：42-45.

刘向蕊，吕宝乾，金启安，等，2014. 5种杀虫剂对入侵害虫椰子织蛾的室内毒力测定[J]. 生物安全学报，23（1）：13-17.

刘银泉，刘树生，2012. 烟粉虱的分类地位及在中国的分布[J]. 生物安全学报，21（4）：247-255.

刘忠强，张敏，2020. 美洲斑潜蝇对蔬菜的为害及综合防治[J]. 农业知识（14）：24-26.

陆永跃，2007. 香蕉弄蝶虫情调查与预测预报方法[J]. 中国南方果树，36（5）：53-54.

陆永跃，曾玲，梁广文，2002. 香蕉主要害虫的综合治理研究进展[J]. 武夷科学，18：276-279.

陆永跃，曾玲，许益镌，等，2019. 外来物种红火蚁入侵生物学与防控研究进展[J]. 华南农业大学学报，40（5）：149-160.

陆永跃，曾玲，2004. 椰心叶甲传入途径与入侵成因分析[J]. 中国森林病虫，23（4）：12-15.

罗宏伟，冯钦，王建波，等，2022. 小巢粉虱的危害程度调查[J]. 农业科技通讯（1）：137-139.

吕茂翠，阮永明，王媛媛，等，2013. 寄主植物对扶桑绵粉蚧生长发育和繁殖的影响[J]. 浙江师范大学学报（自然科学版），36（2）：213-216.

孟瑞霞，张青文，刘小侠，2004. 烟粉虱生物防治应用现状[J]. 中国生物防治，24（1）：85-90.

孟醒，桂富荣，陈斌，2018. 云南扶桑绵粉蚧的发生及防治[J]. 生物安全学报，27（4）：236-239.

孟醒，李金峰，黄立飞，2019. 扶桑绵粉蚧在广西的发生为害情况调查[J]. 南方农业学报，50（5）：1021-1027.

牛浩，牛通，王新谱，2022. 草地贪夜蛾的形态特征、发育历期和生活习性[J]. 农业科学研究，43（3）：19-24.

欧善生，谢彦洁，王小欣，等，2009. 棕榈红棕象甲生物学特性研究[J]. 安徽农业科学，37（33）：16424-16426.

秦双，陈海燕，林珠凤，等，2017. 海南瓜实蝇综合防治技术[J]. 蔬菜（12）：57-58.

邱文忠，蔡少强，2008. 稻田福寿螺的发生危害及其综合防治技术[J]. 现代农业科技（20）：134.

任顺祥，刘同先，杜予州，等，2014. 蔬菜粉虱的系统调查与监测技术[J]. 应用昆虫学报，51（3）：859-862.

尚文汇，马桂明，2013. 美洲斑潜蝇的综合防治[J]. 云南农业（7）：30-31.

沈发荣，赵焕萍，1997. 柑橘小实蝇生物学特性及其防治研究[J]. 西北林学院学报，12（1）：85-89.

沈顺章，牛黎明，张方平，等，2018. 几种常用杀虫剂对日本食蚧蚜小蜂的毒性[J]. 热带作物学报，39（3）：553-558.

宋红梅，胡隐昌，牟希东，等，2009. 外来入侵生物福寿螺的生物学特性、为害与防治现状[J]. 广东农业科学（5）：106-110.

孙江华，虞佩玉，张彦周，等，2003. 海南省新发现的林业外来入侵害虫：水椰八角铁甲[J]. 昆虫知识，40（3）：286-287.

覃利仙，2021. 玉米田草地贪夜蛾的识别与防治方法[J]. 南方农业，15（8）：54-55.

覃伟权，赵辉，韩超文，2002. 红棕象甲在海南发生为害规律及其防治[J]. 云南热作科技，25（4）：29-30.

覃振强，吴建辉，任顺祥，等，2010. 外来入侵害虫新菠萝灰粉蚧在中国的风险性分析[J]. 中国农业科学，43（3）：626-631.

谭德龙，曾玲，许益镌，2016. 不同浓度茚虫威对红火蚁的防治效果[J]. 环境昆虫学报，38（6）：1256-1261.

谭德龙，李鑫，曾玲，等，2015. 高效氯氟氰菊酯微囊悬浮剂与二阶段法对红火蚁的田间防治效果评价[J]. 环境昆虫学报，37（6）：1226-1231.

谭德龙，陆永跃，李鑫，等，2014. 高效氯氟氰菊酯和噻虫嗪对红火蚁的室内毒力[J]. 生物安全学报，23（2）：121-125.

田帅，2017. 美洲斑潜蝇发生规律与防治[J]. 吉林蔬菜（Z1）：25-26.

王彩波，2011. 非洲大蜗牛研究进展[J]. 上海农业科技（2）：22-23.

王登杰，任茂琼，姜继红，等，2020.草地贪夜蛾绿色防控技术研究进展[J]. 植物保护，46（1）：1-9.

王凤，鞠瑞亭，李跃忠，等，2009.红棕象甲室内生物特性及形态观察[J]. 昆虫知识，46（4）：556-560.

王际方，2010.甘薯小象甲的综合防治[J]. 河北农业科学，14（5）：36-37.

王进强，许丽月，李发昌，等，2019.温度对优雅岐脉跳小蜂出蜂率及性比的影响[J]. 环境昆虫学报，41（1）：161-166.

王磊，陆永跃，许益镌，等，2016.绿僵菌与8 种红火蚁防控常用农药相容性[J]. 中国生物防治学报，32（2）：172-179.

王伟，程立生，沙林华，等，2006.海南岛外来入侵害虫初探[J]. 华南热带农业大学学报，12（4）：39-44.

王泽华，石宝才，魏书军，等，2012.烟粉虱的识别与防治[J]. 中国蔬菜（15）：27-28.

王志高，谭济才，刘军，等，2009.福寿螺综合防治研究进展[J]. 中国农学通报，25（12）：201-205.

韦远华，覃伟权，黄山春，等，2017.水椰八角铁甲在海南的风险性分析[J]. 热带农业科学，37（8）：42-45，67.

翁章权，2010.水椰八角铁甲形态观察及温度、食物利用对其生长发育的影响[D]. 福州：福建农林大学.

吴大军，杜奕华，陈秀绢，等，2007.水椰八角铁甲的检验检疫及传入顺德的风险[J]. 植物检疫，21（1）：25-26.

伍筱影，钟义海，李洪，等，2004.椰心叶甲生物学研究及室内毒力测定[J]. 植物检疫，18（3）：137-140.

徐三勤，王海富，陈时伟，2015.甘薯小象甲的发生规律与防控技术[J]. 现代园艺（4）：98-99.

阎伟，吕宝乾，李洪，等，2013.椰子织蛾传入中国及海南省的风险性分析[J]. 生物安全学报，22（3）：163-168.

阎伟，陶静，刘丽，等，2015.需引起警惕的棕榈科植物入侵害虫：椰子织蛾[J]. 植物保护，41（4）：212-217.

杨叶欣，胡隐昌，李小慧，等，2010.福寿螺在中国的入侵历史、扩散规律和为害的调查分析[J]. 中国农学通报，26（5）：245-250.

叶建人，冯永斌，林贤文，等，2011. 福寿螺的寄主植物及其对福寿螺体重的影响[J]. 生物安全学报，20（2）：124-131.

叶明鑫，2015. 甘薯小象甲发生特点调查与原因分析[J]. 中国农学通报，31（4）：195-199.

尹绍武，颜亨梅，王洪全，2000. 福寿螺的生物学研究[J]. 湖南师范大学自然科学学报，6（2）：76-82.

游意，2016. 非洲大蜗牛的分布、传播、为害及防治现状[J]. 广西农学报，31（1）：46-48.

余凤玉，马子龙，李朝绪，等，2007. 温度对水椰八角铁甲生长发育的影响[J]. 华东昆虫学报，16（4）：264-267.

虞国跃，符悦冠，贤振华，等，2010. 海南、广西发现外来双钩巢粉虱[J]. 环境昆虫学报，32（2）：275-279.

虞国跃，马光昌，金涛，等，2018. 我国新发现一种重要外来入侵害虫：海枣异胸潜甲*Javeta pallida* Baly[J]. 应用昆虫学报，55（1）：138-141.

虞国跃，彭正强，温海波，等，2014. 外来种小巢粉虱*Paraleyrodes minei*的识别及寄主植物[J]. 环境昆虫学报，36（3）：455-458.

张东举，2019. 几种新型毒饵对红火蚁引诱及毒杀活性研究[D]. 广州：华南农业大学.

张方平，符悦冠，彭正强，等，2006. 橡副珠蜡蚧生学特性及防治概述[J]. 热带农业科学，26（1）：38-41.

张方平，朱俊洪，韩冬银，等，2015. 副珠蜡蚧阔柄跳小蜂的寄生影响因子[J]. 生态学报，35（21）：7255-7262.

张清源，林振基，刘金耀，等，1998. 桔小实蝇生物学特性[J]. 华东昆虫学报，7（2）：65-68.

张全胜，2002. 瓜实蝇生物学特性及其防治[J]. 中国蔬菜（3）：38-39.

张润杰，周昌清，陈海东，1996. 美洲斑潜蝇：一种国际上重要的检疫害虫[J]. 昆虫天敌（4）：31-36.

张翔，2015. 水椰八角铁甲多次交配行为及其繁殖受益[D]. 福州：福建农林大学.

张小冬，陈泽坦，钟义海，等，2008. 新菠萝灰粉蚧生活习性初探[J]. 华东昆虫学报（1）：22-25.

张祯，范开举，邹祥明，等，2013. 三峡库区甘薯小象甲发生规律与防控技术[J].
　作物杂志（6）：60-62.

张知晓，户连荣，刘凌，等，2019. 草地贪夜蛾的生物学特性及综合防治[J]. 热带
　农业科学，39（9）：1-18.

张志祥，程东美，江定心，等，2004. 椰心叶甲的传播、危害及防治方法[J]. 昆虫
　知识，41（6）：522-526.

张秩勇，2010. 水椰八角铁甲寄主适应性研究[D]. 福州：福建农林大学.

郑剑宁，范东晖，施惠祥，等，2005. 红火蚁的研究与控制[J]. 中华卫生杀虫药械
　（3）：186-189.

曾玲，陆永跃，陈忠南，2005. 红火蚁监测与防治[M]. 广州：广东科技出版社.

曾玲，陆永跃，何晓芳，等，2005. 入侵中国大陆的红火蚁的鉴定及发生为害调
　查[J]. 昆虫知识（2）：144-148，230-231.

曾清香，孙志坚，张波，等，2011. 中国南方不同品系福寿螺对广州管圆线虫易
　感性的研究[J]. 中国人兽共患病学报，27（7）：625-633.

钟义海，刘奎，彭正强，等，2003. 椰心叶甲：一种新的高危害虫[J]. 热带农业科
　学，23（4）：67-72.

周桂乐，杨清华，周坤生，等，2010. 甘薯小象甲的发生危害与防治[J]. 中国果菜
　（7）：27.

周荣，曾玲，崔志新，等，2004. 椰心叶甲的形态特征观察[J]. 植物检疫，18
　（2）：84-85.

周素花，2019. 商丘市玉米田草地贪夜蛾的识别与防治技术[J]. 河南农业（12）：
　28-29.

周卫川，2006. 非洲大蜗牛种群生物学研究[J]. 植物保护，32（2）：86-88.

周卫川，佘书生，肖琼，2009. 福寿螺天敌资源[J]. 亚热带农业研究，5（1）：
　39-42.

朱文静，韩冬银，张方平，等，2010. 外来害虫双钩巢粉虱在海南的发生及温度
　对其发育的影响[J]. 昆虫知识，47（6）：1134-1140.

MARTIN J H, 2001. Description of an invasive new species of *Neotropical*
　aleurodicine whitefly（Hemiptera：Aleyrodidae）：a case of complete or partial
　misidentification[J]. Bulletin of Entomological Research，91：101-107.

MAZZEO G, NUCIFORA S, LONG S, 2020. Definitive confirmation of establishment of *Parasaissetia nigra*（Nietner）（Hemiptera, Coccidae）in Sicily（Italy）, with notes on its association with a new host, *Syzygium myrtifolium* Walp. [J]. EPPO Bulletin, 50（2）: 295-298.

WONHOON LEE, JONGSUN PARK, GWAN-SEOK LEE, et al., 2013. Taxonomic status of the *Bemisia tabaci* complex（Hemiptera: Aleyrodidae）and reassessment of the number of its constituent species[J]. PLoS ONE, 8（5）: 1-10.

ZHANG Y Z, HUANG D W, FU Y G, et al., 2007. A new species of *Metaphycus* Mercet（Hymenoptera: Encyrtidae）from China, parasitoid of *Parasaissetia nigra*（Nietner）（Homoptera: Coccoidea）[J]. Entomological News, 118（1）: 68-72.

农科社官网
https://castp.caas.cn

上架建议：农业/植物保护

ISBN 978-7-5116-5977-4

9 787511 659774 >

定价：50.00元

中国农业科学技术出版社
官方微信公众号平台

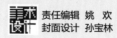

责任编辑 姚 欢
封面设计 孙宝林